Sitzungsberichte
der Heidelberger Akademie der Wissenschaften
Mathematisch-naturwissenschaftliche Klasse
Jahrgang 1929. 5. Abhandlung.

Arktische Bodenformen in den Alpen.

Von
Wilhelm Salomon
in Heidelberg.

Mit 6 Abbildungen.

Eingereicht am 30. März 1929.

Berlin und Leipzig 1929
Walter de Gruyter & Co.
vormals G. J. Göschen'sche Verlagshandlung / J. Guttentag, Verlagsbuchhandlung / Georg Reimer / Karl J. Trübner / Veit & Comp.

Arktische Bodenformen in den Alpen.

Im Jahre 1910 hatte ich auf der von G. DE GEER geleiteten Spitzbergenreise des Stockholmer Geologenkongresses zusammen mit vielen anderen Fachgenossen Gelegenheit, arktische Bodenformen kennenzulernen. Über die lehrreiche Reise sind eine Reihe von Berichten erschienen. Auch ich selbst habe in der geologischen Rundschau, 1910, Bd. I. S. 302 bis 309 einen solchen Bericht gegeben und dabei auf S. 307—308 einige arktische Bodenformen ganz kurz beschrieben. Die ausführlichste Schilderung dürfte wohl BERTIL HÖGBOM in seinen schönen Arbeiten „Einige Illustrationen zu den geologischen Wirkungen des Frostes auf Spitzbergen und „Über die geologische Bedeutung des Frostes“[1]) gegeben haben. Seitdem ist über diese Bodenformen in den polaren Gebieten eine umfangreiche Literatur erschienen. Aber auch aus den Alpen sind ähnliche Bodenformen beschrieben und mit den polaren Formen verglichen worden. Der erste, dem sie in den Alpen aufgefallen waren und der sie in einer allerdings ganz unbeachtet gebliebenen Notiz erwähnte, war C. HAUSER[2]), der sie am Selbsanft im Kanton Glarus in einer Höhe von wohl etwa 2600 m beobachtete und 1864 wie folgt beschrieb: „Dieses Plateau erschien wie ein Garten von Menschenhand, in Beete abgeteilt, welche durch Hecken aus senkrecht oder schief aufstehenden Steinen umzäunt waren. Diese mir noch nie vorgekommene Erscheinung kann ich mir nur als ein Werk des Sturmes und der Verwitterung erklären.“ Das Gestein bestand aus Schiefern.

1873 kam er noch einmal auf diese Beobachtung zurück, erklärte sie aber wieder durch die Tätigkeit des Windes: „Ein ähnliches Experiment des Windes, aber an felsigem Material, statt am Eise, erregte mein Staunen auf dem Rücken des Selbsanft, bei Anlaß der Besteigung des Hauserhorns im Jahre 1863, wo die lose herumgelegenen Steine wie von Menschenhand zu Einfassungen von Gartenbeeten künstlerisch zusammengefügt waren.“[3])

[1]) Bull. Geol. Inst. of Upsala 1910. 9. S. 41—59 und ebendort 1914. 12. S. 257—390.

[2]) Der vordere Selbsanft. Jahrbuch Schweizer Alpenklub. Bd. 1. 1864, S. 159—160.

[3]) Ebendort, Jahrgang 8, Bern 1873. „Ein Blumengarten im Eise“. S. 515.

Erst sehr viel später hat TARNUZZER im Engadin ähnliche Formen als „Schuttfacetten" beschrieben [1]) und dadurch die Aufmerksamkeit der Fachgenossen auf die entsprechenden Bodenformen der Alpen gelenkt.

Mich als alten Alpengeologen beschäftigte seit der Spitzbergenreise die Frage, ob diese alpinen Bodenformen wirklich denen der Arktis analog seien. Ich hatte Zweifel daran; denn auf Spitzbergen sind sie so weit verbreitet und so auffällig, daß sich ihre Beobachtung jedem aufdrängt. Wenn sie in den Alpen wirklich, wenn auch nur an günstigen Stellen, ebenso entwickelt wären, warum hatte man sie dann erst so spät beachtet? In den polaren Gebieten hängt ihr Auftreten zweifellos mit der „Tjäle", dem ewig gefrorenen Untergrund zusammen. Eine echte Tjäle war mir aber aus den Alpen nicht bekannt.

Auch alle meine Nachforschungen in der Literatur ergaben darüber keine Auskunft. Herr Professor A. PEPPLER, Direktor der Karlsruher Wetterwarte, hatte die Freundlichkeit, mir mitzuteilen, daß sich im Zugspitzgebiet in einer Höhe von etwa 2500 m am Plattachferner „das ganze Jahr mit Geröll bedeckter Eisboden befindet". Herr Privatdozent Dr. GAMS sagte mir, daß Herr Dr. EMIL BÄCHLER in St. Gallen von vereinzelten Punkten der Alpen echte Tjäle kenne, ja daß sich auch im Jura an einer Stelle (? am Weißenstein) ein Punkt mit Tjäle habe nachweisen lassen. Auf eine Anfrage bei BÄCHLER erhielt ich keine Antwort. Jedenfalls scheint es also bei dem gegenwärtigen Kenntnisstand sehr wahrscheinlich, daß in den Alpen in den in Betracht kommenden Höhen nur ausnahmsweise und örtlich eine echte Tjäle vorkommt. In sehr großen Höhen (über 3500 m) mag sie entwickelt sein. Indessen sind dort alle flacheren Stellen von Firn dauernd bedeckt, und an den steilen, firnfreien Hängen können sich natürlich die entsprechenden Bodenformen der polaren Gebiete nicht bilden. Auch darf man bei all solchen Untersuchungen nicht vergessen, daß schneefreie Stellen der Hochalpen im Sommer eine ungewöhnlich starke Insolation haben. ALB. HEIM gibt auf S. 3 seiner Gletscherkunde an, daß man einen Zentimeter unter staubig verwittertem dunklem Gestein bei 3—4000 m Höhe oft 40—60° messen könne. Und aus eigener Erfahrung kann ich sagen, daß schwarze Steine in großen Höhen bei Besonnung oft so heiß werden, daß man sie nicht mehr anfassen kann. Das sind aber Verhältnisse, wie man sie aus den polaren Gebieten nicht kennt und die naturgemäß einen Einfluß auf die Bodenformen haben müssen.

---

[1]) Beiträge zur Geologie des Unterengadins. Beitr. z. geol. Karte d. Schweiz N. F. 23. Bern 1909, S. 105—106 und Die Schuttfacetten der Alpen und des hohen Nordens. Petermanns Mitteilungen 57, 1911, II. S. 262—264.

Aus allen diesen Gründen schien mir eine Nachprüfung der alpinen Formen wünschenswert. Da ich nun infolge der Kriegs- und Nachkriegsverhältnisse seit langer Zeit keine Gelegenheit mehr gehabt hatte, die in Betracht kommende Hochregion gründlich abzusuchen, so benützte ich eine freundliche Unterstützung der Heidelberger Akademie der Wissenschaften, um im August 1929 im Engadin der Frage nachzugehen. Hier hatte TARNUZZER seine Beobachtungen gemacht; und hier sind ausgedehnte Hochflächen unter und oberhalb der Gletscher vorhanden, die für die Herausbildung der Strukturböden besonders günstig sein mußten. Ich spreche der Heidelberger Akademie auch an dieser Stelle meinen besten Dank für ihre Hilfe aus.

Erst nach meiner Rückkehr erfuhr ich durch Herrn Professor PHILIPP, daß Herr Dr. HANS KINZL in Innsbruck (jetzt in Heidelberg) mit ähnlichen Untersuchungen beschäftigt sei; und mittlerweile hat KINZL seine Beobachtungen in einer wertvollen Arbeit „Beobachtungen über Strukturböden in den Ostalpen“ (Petermanns Mitteilungen, 1928, S. 261 bis 265) veröffentlicht. Diese Arbeit stellt nicht nur die ältere Literatur sehr vollständig zusammen, sondern bringt auch eine große Anzahl sorgfältiger Beobachtungen, auf die ich mich im Folgenden beziehen werde.

Meine Begehungen bezweckten festzustellen, ob die für die Polargebiete charakteristischen Bodenformen auch in den Alpen 1. sämtlich vorhanden sind, 2. wenn ja, ob in gleichem oder in geringerem Maße, 3. wenn nein, oder wenn nur in geringerem Maße, worauf der Unterschied zurückzuführen sei.

Die wichtigsten Typen der polaren Bodenformen sind nach BERTIL HÖGBOMS und auch nach meiner Ansicht in zwei Gruppen zu trennen, 1. in die Formen des ruhenden oder zum mindesten nicht in starker abwärts gerichteter Bewegung begriffenen Bodens und 2. in die Formen des in solcher Bewegung befindlichen Bodens. Dabei ist es klar, daß die Typen der ersten Gruppe von Bewegungen ergriffen werden und dann Übergangstypen zu der zweiten Gruppe bilden können.

Die zweite Gruppe der polaren Bodenformen gehört mit den Bodenformen zusammen, die in den nicht periglazialen Gebieten durch das Götzingersche „Kriechen“ verursacht werden, während sie selbst von dem Vorgange herrühren, den I. G. ANDERSSON als Solifluktion bezeichnet hat. Beide Vorgänge möchte ich im Folgenden als „Bodenfließen“ zusammenfassen, was man ja in anderen Sprachen entsprechend ausdrücken kann. Unter Solifluktion verstehe ich aber nur die Bodenbewegungen über einer Tjäle (= Frostboden[1]) = Eisboden) im Gegensatz

---

[1]) Der Ausdruck ist von POHLE vorgeschlagen in „Frostboden in Asien und

zum Kriechen. Wer Solifluktion als gleichbedeutend mit Bodenfließen setzt, braucht dann noch einen besonderen Ausdruck für das, was ANDERSSON Solifluktion nannte.

Die durch Solifluktion in ANDERSSONS und meinem Sinne erzeugten Bodenformen hat B. HÖGBOM 1914 genau beschrieben. Ich greife von ihnen für die Zwecke meiner Untersuchung die folgenden wichtigsten heraus: 1. Streifenböden (HÖGBOM S. 332), 2. Steingirlanden (335), 3. Fließerdewülste (335), 4. Gleitende Blöcke (350), 5. Blockströme (353). Diesen Bodenformen der Solifluktion stehen die Formen des nur in sich, aber nicht stark talwärts bewegten Bodens gegenüber. Das sind nach MEINARDUS 1. die Steinstreifen, 2. die Steinnetze, 3. die Steinringe, 4. die Schuttinseln, alle vier von MEINARDUS zusammengefaßt als „Strukturböden" und getrennt von dem, was HÖGBOM als „Zellenböden", aber mit ihnen zusammen auch als „Polygonböden" bezeichnet. Nur die Zellenböden HÖGBOMS nennt MEINARDUS Polygonböden. Hier sind also Verwechslungen kaum zu vermeiden. Nun scheint mir das Wesentliche an den vier MEINARDUSschen „Strukturböden" die Konzentrierung der Feinerde teils in langen Streifen (1), teils in rundlichen Beeten (2, 3, 4) zu sein, die von gröberem Steinmaterial begrenzt werden. Bei den Zellenböden in ihren typischen Vertretern fehlen die groben Steineinfassungen.[1]) Ferner sind bei den MEINARDUSschen Steinringen, Netzen und Schuttinseln runde Formen normal, polygonale selten und meist wohl nur dadurch entstanden, daß runde Beete gegeneinander wachsen und dadurch polygonal werden. Bei den Zellenböden ist umgekehrt die polygonale Form normal. Wenn also auch Übergangsformen vorkommen, wird man doch typische Formen leicht bestimmen können. Unter diesen Umständen möchte ich mit MEINARDUS den Namen Polygonböden auf HÖGBOMS Zellenböden beschränken, unter den Strukturböden aber die rundlichen und nur selten typisch polygonalen Formen als Feinerdebeete von den Streifenböden oder Steinstreifen trennen. Denn die Steinringe, Steinnetze und Schuttinseln werden jeden unbefangenen Beobachter, wo er sie zum ersten Male in typischer Entwicklung sieht, an künstliche, nur noch nicht bepflanzte Blumenbeete erinnern. Hat doch schon HAUSER 1864 das Wort „Beete", 1873 das Wort „Gartenbeete" und CHOL-

---

Europa". Petermanns Mitteil. 1924. S. 86—88 und 1925 S. 167—169. Er ist übernommen von SCHOSTAKOWITSCH in „Der ewig gefrorene Boden Sibiriens". Zeitschr. d. Ges. für Erdkunde in Berlin 1927, S. 395. Pohle gebraucht auch den neugeprägten Ausdruck die „Gefrornis", will damit aber nicht den gefrorenen Boden, sondern nur seinen physikalischen Zustand bezeichnen.

[1]) Siehe das SCHULZEsche Bild bei SAPPER, Zeitschr. d. Ges. für Erdkunde zu Berlin, 1912, Heft 4, Taf., Abb. 11 nach S. 264.

NOKY geradezu den Ausdruck „Blumenbeete“ für sie gebraucht (SAPPER, Zeitschrift d. Ges. f. Erdkunde, Berlin 1912, S. 264); und SAPPER selbst gebraucht den Ausdruck „Rundbeete“ und verläßt ihn nur zugunsten der TARNUZZERschen Bezeichnung „Schuttfacetten“, von der er glaubte, daß sie die Priorität hätte, die mir aber noch weniger geeignet erscheint. Auch hoffe ich im Folgenden zeigen zu können, daß der Ausdruck Feinerdebeete“ den Kernpunkt der Entstehung andeutet. Wer die ausgezeichneten Bilder 14 und 15 auf HÖGBOMS S. 310 (1914) betrachtet, wird wohl zugeben, daß der Name die richtige Vorstellung von der Sache erweckt.

Schon jetzt aber muß ich vorgreifend hervorheben, daß die Bezeichnung „Streifenböden“ oder „Steinstreifen“ zwei genetisch verschiedene Gebilde umfaßt, nämlich sowohl Bodenformen der Solifluktion wie Formen der ruhenden, bzw. nur in sich bewegten Böden.

Örtliche Beobachtungen in den Alpen.

Untersuchen wir nun der Reihe nach, welche der polaren Bodenformen in den Alpen bekanntgeworden sind[1]), und beginnen mit den Strukturböden von MEINARDUS.

Was zunächst die Feinerdebeete betrifft, so sind sie unzweifelhaft auch nach HAUSER und TARNUZZER von einer großen Anzahl von Stellen nachgewiesen, ohne daß die Angaben immer ausreichten, um festzustellen, welche der drei Typen gemeint sind. Indessen ist das bedeutungslos, da sie ineinander übergehen und im Grunde genommen nur eine und dieselbe Erscheinung darstellen.

Den ausführlichsten Nachweis verdanken wir KINZL a. a. O. Er führt sie von zahlreichen Punkten der Silvrettagruppe, der Ötztaler Alpen, der Stubaier Alpen, der Hohen Tauern, der Venedigergruppe und der Ankogelgruppe auf. Aber alle seine Beobachtungspunkte liegen nahe den heutigen Gletscherzungen innerhalb der Moränen des Vorstoßes von 1850, meist in Höhen von 2200—2600 m, selten höher (2709). Fast alle liegen in Moränen, wenige auf fluvioglazialen Bildungen. Sie finden sich fast überall da, wo die Ablagerungen vor den Gletscherenden aus schlammreichem Grundmoränenmaterial bestehen. Sie fehlen, wo das an feinen Bestandteilen arme Oberflächenmoränenmaterial vorherrscht. Grundmoränen aus Zentralgneis sind der Bildung günstig.

Die KINZLschen Beobachtungspunkte würden verschwinden, wenn die Gletscher wieder stark vorstoßen würden.

---

[1]) Ich kann hier nicht Vollständigkeit der Aufzählung, sondern nur einen Überblick anstreben.

Besonders wichtig ist KINZLS Feststellung von Feinerdebeeten auf Flächen, die erst um 1900 oder nachher eisfrei geworden sind. Es ist durch ihn nicht nur bewiesen, daß die Beete rezente Bildungen sind, sondern auch, daß sie sich im Gegensatz zu HÖGBOMS Annahme offenbar oft in sehr kurzen Zeiträumen bilden.

Steinringähnliche Gebilde, die KINZL auf dem Eise der Gletscher selbst traf, enthalten vielfach einen emporgewölbten Eiskern, so daß sie den echten Feinerdebeeten nicht vergleichbar sind. Die Durchmesser der echten Beete schwanken nach KINZL von etwa $^1/_2$ bis zu 2 m. Größere Beete umschließen manchmal kleinere Polygone, deren Durchmesser unter 2 *dm* bleibt.

Von großer Bedeutung für die Erklärung der Feinerdebeete sind endlich die folgenden Beobachtungen von KINZL (S. 262). Er fand bei Nachgrabungen, daß „das Innere der Steinringe bald nur aus feinem, lockerem Material besteht, bald aber schon in geringer Tiefe, angefangen von mehreren Zentimetern bis zu zwei bis drei Dezimetern, einen größeren Stein als Kern enthält. Durchaus zeigen gerade die am schönsten ausgebildeten Ringe einen solchen Steinkern. Gerade hier ist auch die Mitte des kleinen Feldes kuppenförmig aufgewölbt.“ . . . „Die Steinkerne sind teilweise so groß wie die Ringe selbst, teilweise auch bedeutend kleiner. Ein länglich gestreckter Steinring“ . . . „bildet in seinem Umriß einen darunter liegenden Block an der Oberfläche ab.“ . . . „Ganz allgemein scheint über einer Felsunterlage die Materialsortierung besonders schön entwickelt zu sein.“

Entstehung der Feinerdebeete.

Fragen wir nach der bekanntlich in sehr verschiedener Weise versuchten Erklärung der Bildung unserer Beete, so scheinen mir gerade diese KINZLschen Beobachtungen sehr stark die alte HÖGBOMsche Erklärung zu stützen (1914, S. 315). Danach wird jede primäre Anreicherung an Feinerde mehr Wasser aufsaugen als feinerdeärmere Steinanhäufungen. Sie wird sich also auch beim Gefrieren stärker aufblähen, mehr nach oben aufwölben und einen stärkeren Seitendruck ausüben. Dadurch müssen erstens Steine von der gewölbten Oberfläche abgleiten, andere in der Erde enthaltene zentrifugal oder nach oben fortbewegt werden, da sie dem Druck nicht durch Differentialbewegungen kleinster Erdteilchen ausweichen können. Es wird also das zentrale Gebiet der ursprünglichen Feinerdeanreicherung immer ärmer an Steinen werden, und diese werden am Rande angehäuft durch den Seitendruck hochkant gestellt werden, wenn sie eine passende plattige Form haben. Ich möchte vermuten, daß diese Vorgänge ausreichen, um das von HÖGBOM (1914,

S. 299—305) beschriebene Ausfrieren von Steinen zu erklären. Dabei mögen „Pipkrake“-Eisbildungen vielleicht mithelfen. Für notwendig halte ich sie nicht. Jedenfalls ist es klar, daß ein größerer Stein im Boden, der bei der Aufblähung des gefrierenden Erdreiches unten ein Widerlager darstellt, die Aufblähung nach oben begünstigen wird, sa daß dadurch die von KINZL beschriebenen Beobachtungen ihre Erklärung finden. Ebenso versteht man, daß eine Felsunterlage in geringer Tiefe „Die Materialsortierung“ günstig beeinflußt. Dagegen fällt es mir schwer, die KINZLschen Beobachtungen mit dem Mechanismus der GRIPPschen Brodelbewegungen in Einklang zu bringen (Beiträge zur Geologie von Spitzbergen. Abh. Naturw. Verein. Hamburg 1927. S. 14—15 und bes. 19—24). Ich kann mir nicht denken, daß bei einer Tiefe der KINZLschen „Steinkerne“ von nur „mehreren Zentimetern bis zu drei Dezimetern“ Brodelströmungen in der von GRIPP angenommenen Weise entstehen könnten. Auch sonst scheint mir die Übertragung der BÉNARDschen Konvektionsexperimente auf den Mechanismus der Beetbildung in der Natur noch nicht einwandfrei bewiesen zu sein, obwohl ich den hohen Wert der GRIPPschen Untersuchungen und Aufgrabungen nicht etwa vermindern will. Aber ich habe Zweifel daran, daß die Dichtedifferenzen im Boden ausreichen, um Konvektionsströme zu erzeugen. GRIPP selbst gibt folgende Dichtezahlen an: Wasser bei 0° 0,868, bei 1° 0,927, bei 2° 0,968, bei 3° 0,992, bei 4° 1,00, bei 5° 0,992 usw. Berücksichtigt man nun, daß die Dickspülung unserer Tiefbohrungen etwa 1,3 hat, obwohl sie doch noch deutlich flüssig ist, so dürfte das spez. Gewicht der Feinerdebeete in viel höherem Maße von der Menge und der Art der Erdpartikelchen als von der Dichte des beigemengten Wassers abhängen. Ich begrüße also die GRIPPschen Aufgrabungen und Deutungen als einen interessanten Versuch. das Ausfrieren mechanisch zu erklären. Ich erkenne auch an, daß GRIPP das Aufwärtssteigen und seitliche Abwandern der größeren Steine einwandfrei bewiesen hat. Ich möchte aber doch gerade auf Grund der KINZLschen Beobachtungen zunächst die HÖGBOMsche Erklärung weiter als Arbeitshypothese verwenden.

Beobachtungen in den französischen Alpen.

R. DOUVILLÉ hat in der „Géographie“ (31. 1916—17. S. 241—252) einen mir leider nicht zugänglichen Aufsatz veröffentlicht: „Sols polygonaux ou réticulés“, den ich nur nach ALLIX zitieren kann. Seine sols réticulés sind offenbar mit meinen Feinerdebeeten identisch, während die sols polygonaux möglicherweise den Zellenböden HÖGBOMS entsprechen. Er hat beide in den französischen Alpen beobachtet.

ANDRÉ ALLIX hat in der Géographie, Bd. 39, 1923 einen Aufsatz: Nivation et sols polygonaux dans les Alpes françaises (S. 431—438). Er beschreibt ein unzweifelhaft echtes Beispiel polygonaler Feinerdebeete oberhalb des Gletschers von Mont-de-Lans im Oisans in einer Höhe von 3402 m. Sie sind dicht gedrängt, haben Durchmesser von 50—75 cm, sind regelmäßig hexagonal und enthalten in der Mitte Feinerde. Nach außen stellen sich tangential und vertikal angeordnete Platten von Liasschiefer ein, die außen immer größer werden und Längen von 10—15 cm erreichen. Eine Zeichnung erläutert die Beschreibung. Sie gehören nicht zu den Zellenböden HÖGBOMS. Denn bei diesen fehlen ja normal die gröberen Steine.[1]) Doch stellen sie rein morphologisch schon einen Übergang zu diesen dar. Bemerkenswert ist die Tatsache, daß die Materialsonderung bis zu einer Tiefe von 75 und 100 cm nachgewiesen ist.

Ein weiteres sehr wichtiges Beispiel für die Bildung von Feinerdebeeten beschreibt ALLIX vom Gipfel Roche-Mantel in 3052 m Höhe. Der Boden hat trichterförmige Vertiefungen von 50—75 cm Durchmesser. In der Mitte befindet sich eine Eissäule von 20—30 cm Durchmesser und einer Tiefe (Höhe) von etwa 75—100 cm. Um diese Eismasse herum ist eine unvollständige Sortierung des Gesteins, hier kristalliner Schiefer erfolgt. Eigentliche Feinerde scheint zu fehlen. Die kleinsten Gesteinsstücke sind selten kleiner als nußgroß. Aber jedes Feld ist von einem Wulst gröberer Stücke umgeben. ALLIX erinnert daran, daß LEFFINGWELL in seinen Alaskastudien Eiskeile für die Bildung der polygonalen Figuren verantwortlich macht, indem sie durch ihr Wachstum einen Druck auf die Umgebung ausüben. Ich werde darauf noch genauer eingehen.

Endlich befindet sich südöstlich von dem Gletscher des Mont-de-Lans ein Gebiet, das nach ALLIX besonders reich an den Strukturböden, ja auch an den eigentlichen Streifenböden sein soll. Angeblich soll hier auch „Solifluktion" auftreten. Es ist aber nicht sicher, ob hier das Wort nicht im Sinne von MARTONNE gebraucht ist, nämlich allgemeiner im Sinne von Bodenfließen.

Auf die Beobachtungen von ALLIX über die „Rockglaciers" will ich später noch zurückkommen, dagegen hier sofort die LEFFINGWELLschen Angaben besprechen, weil sie für die Erklärung der Zellenböden benützt worden sind.

---

[1]) Doch beobachteten SAPPER, WEIGAND und ich nahe einem Plateaugletscher der Adventbai Zellenböden mit Steinen, die in den trennenden Spalten steil standen. Siehe SAPPER a. a. O. S. 265.

Leffingwells Eiskeile.

Leffingwell hat in zwei wichtigen Abhandlungen Bodenformen von Alaska geschildert, zuerst 1915 im Bd. 23 des Journal of Geology, S. 635—654 unter dem Titel: Ground-Ice-Wedges, the dominant form of ground-ice on the northcoast of Alaska, und 1919 im Professional Paper 109 der United States Geological Survey, unter dem Titel „The Canning River region northern Alaska" (besonders S. 205—214). Die Angaben und Bilder sind in beiden im wesentlichen übereinstimmend. Doch enthält der zweite Aufsatz mehr ältere Literatur. L. hat festgestellt, daß in Alaska in Frostrissen des Bodens Eis entsteht, das nach und nach die Form von Keilen annimmt und den Boden auseinanderpreßt. Die Keile sind oben breit und spitzen sich nach unten bis zu der maximalen beobachteten Tiefe von 10 Fuß zu. Sie sind dort aber noch so breit, daß sie bis zu der doppelten oder dreifachen Tiefe reichen mögen. Die Frostrisse zerschneiden den Tundraboden in polygonale Blöcke, die den Blöcken zwischen Trockenrissen ähneln, aber größere Ausmaße besitzen. Sie haben im Durchschnitt Durchmesser von 16 Yards (Ellen) und haben eine Neigung, Hexagone zu bilden, obwohl auch Vier- und Fünfecke häufig vorkommen. Eine in beiden Aufsätzen wiedergegebene Karte (J. o. G. 653. — P. P. 210) zeigt sehr viel unregelmäßigere Formen als die Zellenböden Spitzbergens. Auch die Durchmesser scheinen in Spitzbergen viel kleiner zu bleiben. Leffingwell gibt als durchschnittlichen Durchmesser von 11 Polygonen seiner Karte 36 Fuß an; das größte mißt 36 zu 49 Fuß, das kleinste 16 zu 26. Die Eiskeile erreichen oben bis zu 8 Fuß Breite. Etwa 20 % der gesamten Tundrafläche dürfte nach Leffingwell von solchen Eiskeilen unterlagert sein.

Aus dieser Schilderung geht vor allem hervor, daß Leffingwells Eiskeile nichts mit der von Allix beobachteten Eissäule in der Mitte des Polygons zu tun haben. Die Keile folgen dem Rande der Polygone. Sie drängen den Boden nach innen, während bei Allix und übrigens auch bei fast allen übrigen Erklärungen der Feinerdebeete wie der Zellenböden ein Druck nach außen angenommen wird. Da bei der ausgezeichneten Darstellung und den vorzüglichen Abbildungen Leffingwells an der Realität seiner Eiskeile nicht gezweifelt werden kann, scheint mir bei unserem gegenwärtigen Kenntnisstande nur die Annahme berechtigt zu sein, daß es sich um zwei grundsätzlich verschiedene Erscheinungen handelt. Auf alle Fälle wird man guttun, auch in Spitzbergen und Lappland festzustellen, inwieweit dort die Leffingwellschen Keile auftreten und welche Bedeutung für die Erklärung der Bodenformen sie haben.

Weitere örtliche Beobachtungen.

Schon die bisher gemachten Angaben reichen aus, um die weite Verbreitung der Feinerdebeete in den Hochalpen zu beweisen. Außer den genannten Forschern haben aber noch die folgenden Beobachtungen darüber beigebracht: O. WILCKENS im Rheinwaldgebiet und besonders schön am Faltschonhorn der Piz Aul-Kette in der Schweiz (Geol Rundschau, 1920, 11, S. 100), A. PENCK aus den Zillerthaler Alpen (zitiert nach KINZL), R. von KLEBELSBERG am Madritschjoch und in den nördlichen Kalkalpen (ebenso). Auch KREBS dürfte die Erscheinung beobachtet haben. Denn er stellt die Voraussetzungen für ihr Vorkommen in den Alpen fest (Geogr. Zeitschr. 31, 1925 S. 103). Unsicher ist es dagegen, ob in den Alpen echte Zellenböden beobachtet sind, also nicht Feinerdebeete von polygonaler Begrenzung. Die einzige mir zugängliche Angabe, die man so deuten könnte, wäre die Feststellung von ALLIX oberhalb des Gletschers von Mont-de-Lans im Dauphiné. Aber wie ich schon auf S. 10 hervorgehoben habe, fasse ich die betreffende Bodenform als Feinerdebeet von polygonaler Gestaltung auf. Die Darstellung von DOUVILLÉ ist mir leider nicht zugänglich, so daß ich kein Urteil darüber habe, ob er vielleicht echte Zellenböden beobachtet hat.

Eigene Beobachtungen.

Ich komme nun zu einer kurzen Darstellung eigener Beobachtungen, wobei ich nicht unerwähnt lassen möchte, daß ich bei den Wanderungen von meinem Sohne Helmut begleitet war, der mich durch Beobachtungen, photographische Aufnahmen und bei meinem jetzigen Alter — last not least — auch durch Beförderung eines erheblichen Teiles des Gepäckgewichtes sehr unterstützte. Dabei muß ich aber gleich von vornherein hervorheben, daß ich die Feinerdebeete nie in der wunderbaren Klarheit und Deutlichkeit wie in Spitzbergen sah und erst nach und nach das Auge an die zwar ähnlichen, aber doch viel undeutlicheren alpinen Formen gewöhnen mußte. Daher halte ich es nicht für ausgeschlossen, daß ich in der ersten Zeit Formen unbeachtet gelassen habe, die ich später berücksichtigt haben würde.

Ich stieg zuerst von Sils-Maria zum Lej (See) Sgrischus hinauf, der bei einer Meereshöhe von 2640 m von einem fast vollständigen Kranze von Schuttablagerungen umgeben ist. Es gelang mir dort nicht, irgendwelche charakteristische Bodenformen zu finden. Aber allerdings wurden wir sehr bald durch ein lang andauerndes schweres Hagelgewitter vertrieben und so durchnäßt, daß wir die höheren Schutthänge nicht mehr besuchen konnten. Der Mißerfolg bestimmte mich dazu, jetzt sofort eine der von TARNUZZER als charakteristisch beschriebenen Stellen zu besuchen (a. a. O. 1909, S. 106 bzw. 1911 S. 262).

Ich wählte dazu die Lais (Seen) da Rims und den Rand des Lischannagletschers südlich von Schuls im Unterengadin. Unmittelbar an der Ostseite des westlichen Lais dell'Aua, den ich in der vorhergehenden Arbeit „Lais della Fuorcla" getauft habe, um ihn von den beiden anderen unterscheiden zu können[1]), liegt die Endmoräne des südlichsten Teiles des Lischannagletschers, auf Blatt Scarl des Siegfriedatlasses als Vadret da Rims bezeichnet. Der Abstand vom Gletscherrand ist noch ganz gering, wie bei den KINZLschen Beobachtungen. Und hier sah ich zum ersten Male in den Alpen deutliche Feinerdebeete mit ihren Kränzen von tangential gestellten Schieferplatten. Sie sind rundlich, bedecken die Moräne in ziemlich großer Zahl und haben nach meiner Erinnerung Durchmesser von gewöhnlich etwa $^1/_2$ bis $1^1/_2$ m. Sie sind typisch entwickelt, wenn auch lange nicht so deutlich und auffällig wie die mir bekannten arktischen Vorkommen. Jedenfalls hat sie also TARNUZZER ganz richtig erkannt. Denn das ist die eine Stelle, auf die er sich bezieht.

Er sagt (1909, S. 106): „Noch auffälliger sind die Schuttfacetten auf beinahe oder gänzlich von erdigem Schutte freiem, trockenem Boden sanfter Plateauflächen und flacher Bergrücken. Ich habe solche am 14. August 1900 nach dem Aufstieg aus der Alpe Sesvenna durch die Val dell' Aua an den Rändern des Vadret Lischanna im Kalkstein- und Dolomitschutte, namentlich aber auf den mit Algäusschieferfragmenten bedeckten Hochflächen in ausgezeichneter Weise beobachten können. Auch hier waren die zahlreichsten Steinplättchen längs Strömungslinien senkrecht gestellt und schlossen Polygone und mosaikartige Felder mit horizontal liegenden Scherben und Schiefern ein. Auf solchem trockenem Felsboden muß es die Frostwirkung (Frostschub) sein, welche die Fluidalstruktur des massenhaften plattigen Schuttes bedingt." Ich glaube, daß TARNUZZER hier die richtige Erklärung meint, wenn auch die Ausdrücke „Strömungslinien" und „Fluidalstruktur" ein falsches Bild geben.

Bei den Lais da Rims (2600—2900 m) sah ich zwar auch Feinerdebeete, aber nicht so typisch entwickelt wie am Lais della Fuorcla. Dagegen sind dort Streifenböden entwickelt. Sie bestehen aus abwechselnden Streifen von Feinerde und von gröberen Steinen. Auf der Feinerde siedeln sich gerne Pflanzenpolster an, was die Gebilde noch auffälliger

[1]) Sitz.-Ber. Heidelberger Akademie d. Wiss., Mathem.-naturw. Klasse 1929 Abh. Nr. 4 S. 3.

macht. Während aber in Spitzbergen und Lappland die Wurzeln der Pflanzen in dieser Bodenform sehr oft stark nach unten verlängert sind, weil es sich um Solifluktionsböden handelt, habe ich weder hier noch bei irgendeinem der anderen Vorkommen von Streifenböden, die ich im Engadin sah, diese Verlängerung der Pflanzenwurzeln beobachten können. Alles deutet darauf, daß die Streifen unbeweglich liegen und daß keine Solifluktion bei ihrer Bildung oder auch nur nachher auf sie eingewirkt hat. Die Entstehung dieser Strukturbodenformen denke ich mir so, daß, solange Schnee die Flächen bedeckt, Schmelzwasser Rinnsale bildet, die in der Richtung des Gefälles nebeneinander verlaufen und auf ihrem Wege die Feinerde mitnehmen (man vgl. Fig. 1). Zwischen den Rinnsalen bleibt die Feinerde erhalten. Schmilzt nun der Firn weg, so bläht sich die Feinerde genau wie in den Beeten bei jedem Gefrieren auf, läßt die auf ihr liegenden Steine abgleiten oder drängt sie aktiv zur Seite, so daß die Feinerdestreifen immer ärmer an Steinen werden. Ich sah diese Feinerdestreifen nur auf geneigten Flächen, wenn auch die Neigung manchmal recht gering war.

Recht gut entwickelte Feinerdebeete und Streifenböden sah ich auch westlich des Punktes 2958 und nordwestlich von ihm auf den hohen Flächen gegen den kristallinen Vorberg des Piz Lischanna. Besonders schön sind sie neben einem kleinen See, etwa 150 m westlich des Punktes 2958 entwickelt. Das ist um so auffälliger, als hier das Gestein ungünstig ist. Es ist wesentlich Dolomit ohne Plattung, also in isometrischen Stücken, die daher auch keine tangentiale oder vertikale Anordnung erkennen lassen können. Aber das Seitwärtsschieben der größeren Steine ist doch ganz deutlich. Wahrscheinlich beziehen sich TARNUZZERS auf S. 13 wiedergegebene Worte teilweise auf dies Gebiet. Auf dem Wege zur Lischannahütte hören die Erscheinungen bald auf. Sie sind also auf dieser Seite des Gletschers im wesentlichen nur in einer Meereshöhe von 2900 bis 3000 m entwickelt.

An einem Tage, an dem ich verhindert war, beging mein Sohn den Nordhang des Unterengadins nördlich Schuls.

Er stieg zum Piz Minschun hinauf (3071,9 m), hinunter zum Davò Jarvo, zurück über den Sattel in die Fuorcla Champatsch (2733 m). Dann traversierte er unter dem Piz Champatsch und Piz Soër zur Fuorcla Spadla (2700 m) und stieg über die Alpe Spadla nach Sent ab. Auf dem ganzen Minschunrücken sah er vom Sattel an bis zur Spitze die Feinerdebeete mit verhältnismäßig kleinen Steinen im Inneren und mit größeren Trümmern am Rande, die eine Tendenz zur senkrechten Stellung hatten. Zum Teil waren die Beete gegeneinander gedrängt und dann polygonal gestaltet. Auffällig war eine Gliederung der Abhänge durch lauter kleine Buckel, die übereinander Absätze bilden und manchmal durch eine Furche getrennt sind. Dabei bestehen die höheren Teile der Buckel aus feinerem Schutt, der unterste Teil aus gröberen Steinen. Die Buckel sind entweder gerundet oder unregelmäßig polygonal. Die schematische Skizze meines Sohnes, Taf. 1, Fig. 2 zeigt das Wesentliche. Es scheint mir ein Äquivalent der nordischen Steingirlanden vorzuliegen, also ein Phänomen, das auf Bodenfließen beruht.

Der Serpentin der begangenen Berge zeigt die Neigung zur Beetbildung nur an günstigen Stellen, während die dort weit verbreiteten Schiefer dafür offenbar viel geeigneter sind. Auf dem Wege über die Fuorcla Champatsch bis zur Fuorcla Spadla war das Material zu grob zur Beetbildung. Als mein Sohn aber auf der Linie 2700—2800 m traversierte, sah er deutlich, daß der Nordwesthang des Piz Soër dieselben Beete hat wie der Minschun. Auch in der Fuorcla Spadla, am Fuße des Piz Soër, sind unregelmäßig polygonale Beete entwickelt. Sie sind aber z. T. bewachsen, und zwar besonders in den kleinen Gräben zwischen zwei benachbarten Beeten, manchmal auch in den Feinerdebeeten selbst.

Nun ist es gerade dies Gebiet, von dem Tarnuzzer seine „Schuttfacetten“ abbildet (1909 S. 105, Fig. 16). Die Skizze meines Sohnes stimmt in den Hauptpunkten mit Tarnuzzers Zeichnung überein. Ich will daher hier seine wichtigsten Sätze wiedergeben und bei der Gelegenheit auch hervorheben, daß es nicht richtig ist, daß Tarnuzzer selbst den Ausdruck „Steingärtchen“ oder „Alpengärtchen“ gebraucht habe, wie viele Autoren angeben. Er zitiert nur nach einer Angabe von Albert Heim, daß Hauser den Ausdruck „Steingärtchen“ gebraucht habe. Aber auch das ist nicht richtig. Denn wie ich schon auf S. 3 angeführt habe, verglich Hauser zwar die Feinerdebeete „mit einem Garten von Menschenhand, in Beete abgeteilt.“ Es fiel ihm aber 1864 natürlich noch gar nicht ein, diesen fremdartigen Gebilden einen Namen zu geben.

Tarnuzzer schreibt: „Im Unterengadin habe ich die Schuttfacetten, namentlich auf der Fuorcla Spadla (2700 m) nördlich des Piz Soër, unter der Fuorcla Champatsch (2733 m) und beim Aufstieg aus der Alp Sesvenna (Scarl) zu den Lais da Rims der Lischannagruppe beobachtet. Auf dem nassen . . . . flachen schuttigen Schieferrücken der Fuorcla Spadla sah ich am 21. August 1899 förmliche Polygone und Mosaikfelder geordneter Gesteinsplättchen zwischen ungeordneten; Strömungszüge senkrecht gestellter Plättchen zwischen horizontal gelagerten, in ihrer Schwerelage verharrenden. . . . Die Gesteinsplättchen waren Kalktonschiefer und Kalksandsteine, in Massen auf dem Plateau umherliegend, und der Boden zeigte sich stark durchnäßt“ usw.

Wie aus der Skizze (Fig. 2) meines Sohnes und aus den Abbildungen TARNUZZERS hervorgeht, dürfte ein sehr großer Teil der Feinerdebeete dieses Gebietes durch Bodenfließen seine Form verändert haben und dadurch eine Annäherung an den Typus der polaren Steingirlanden zeigen. Es ist daher nicht wunderbar, wenn TARNUZZER, der ja die polaren Bodenformen nicht aus eigener Anschauung kannte, die Bildung der Beete auf „Schuttwulstartige Bewegungen des Bodens" zurückführte. Sie seien eine Art „Fluida'struktur", in Zeiten „schwerer Durchnässung des Bodens" entstanden.

Bei einer Wanderung von Zernez durch Val Cluozza und Val Sassa über die Fuorcla di Val Sassa (2859 m) in die Val Muntschain beobachtete ich im obersten Teil der Val Muntschain in etwa 2600—2500 m Höhe sehr schöne Streifenböden (siehe Fig. 1), aber weder in der fast ganz vegetationsfreien Val Sassa noch in der Val Muntschain irgendwelche Feinerdebeete. Das dürfte wohl in erster Linie mit dem Vorherrschen ungünstiger Gesteine zusammenhängen. Die Streifenböden zeigen keine Spur von Solifluktion.

Von Muottas-Murail bei Pontresina ging ich über den Kamm zwischen Val Murail und Val Champagna bis zur Höhe 2818 nahe der Fuorcla Murail auf dem Kamm Tschimas. Der Kamm besteht fast ganz aus grobblockig verwitterndem Augengneis. In den tieferen Teilen ist er noch bewachsen. Erst ganz in der Höhe stellt sich in den Senken neben Gras auch Feinerde ein. Aber nirgendwo sah ich Strukturböden, auch keine Streifenböden. Ebensowenig lassen die Fußhalden von Felsblöcken eine Spur von Solifluktionsbewegungen erkennen. Am nächsten Tage ging ich neben der Wasserleitung von Muotta Murail zur Fuorcla Murail, bog aber oberhalb der Quellstube zu dem Blockgletscher, Fig. 5, ab. Die ersten, wie Endmoränen aussehenden Hügel sind grau und grobblockig. Erst ganz zuletzt sah ich auf ihnen Andeutungen von Beetbildung. Aber oft war es deutlich, daß das Wasser an einigen Stellen die Feinerde fortspült und dadurch an anderen Stellen verhältnismäßig feinerdereiche Bezirke zurückläßt. Diese mögen dann an günstigen Stellen die Bildung der eigentlichen Beete einleiten.

In der letzten, rötlichen Endmoräne des Murail-Gletschers, der vom Piz Murail und Piz Clüx herunterkommt, liegt viel rötlich verwitternder Gneis und Glimmerschiefer (?). Hier sind in einer Meereshöhe von etwa 2800 m sehr schöne deutliche Feinerdebeete vorhanden, die typischsten, die ich überhaupt sah. Das seitliche Abwandern der großen Steine ist sehr ausgesprochen. Es ist aber auch dadurch erleichtert, daß die Beete gern kleine, in der Mitte aufgewölbte Hügel bilden (siehe die Figuren 3 und 4).

Ich stieg nun über den Gletscher zur Fuorcla Murail (2895 m) und kam dabei über phyllitische Gesteine und Gneise, die etwas dünnerplattig sind als die Augengneise des vorhergehenden Tages. Sie zeigen jenseits des Passes die Tendenz zur Bildung der Beete. Doch sind diese fast nie recht deutlich entwickelt. Nur einmal sah ich nicht weit von der Paßhöhe auf einer kleinen Feinerdeterrasse ein Miniaturbeet von wenig mehr als 1 Dezimeter Durchmesser, bei dem aber ganz deutlich die größeren Steine nach außen geschoben waren. Ferner waren dort deutliche Streifenböden vorhanden, aber auf ziemlich flachem Terrain. Sie sind auch hier wohl sicher nur durch parallele Wasserrinnen erzeugt, wie ich das auf S. 14 beschrieben habe. Einmal sah ich in Feinerde eine schwache Tendenz zur Polygonbildung, hatte aber den Eindruck, daß es sich um gewöhnliche Trockenrisse handelt. Beim Abstieg vom Passe zu dem See im Murailtal waren oberhalb des Sees Streifenböden zum Teil nur angedeutet, z. T. auch deutlich entwickelt. Eine Verlängerung der Wurzeln der Pflanzenpolster, die auf Entstehung durch Solifluktion deuten würde, war nicht nachweisbar.

Auf dem bekannten Wege von den Berninahäusern zu dem Diavolezzahaus sah ich oberhalb des Sees stellenweise trotz ungünstiger Gesteins- und Bodenverhältnisse Feinerdeanreicherungen, aber nie typische Beete. Dagegen fand ich zwischen dem Hause (2977 m) und der Sassa Quadra (3060 m) mitten in unregelmäßig brechenden hellen Gesteinen (?aplitischen Gneisen) Partien eines dunklen rostbraun verwitternden Schiefers. Dieser zerfällt leichter als das umgebende Gestein und bildet gern Beete von feinerem Schutt in dem gröberen Schutt der Umgebung, stellenweise aber auch richtige Feinerdebeete, von denen ich eines in der etwas schematisierten Zeichnung Taf. III, Fig. 6 wiedergebe. Die Steine am Rande zeigen auch hier die charakteristische Tendenz zur tangentialen und vertikalen Anordnung.

Die flache Höhe der Sassa Quadra ist von einem Scherben- und Blockmeer bedeckt. Aber in der Nähe der kleinen Firnflecken fand ich ein reichliches Dutzend von Feinerdebeeten, die als „Schuttinseln" im Sinne von Meinardus in das Blockmeer eingebettet lagen, aber in normalen Sommern vom Firn bedeckt sein mögen. Sie sind ziemlich auffällig und gut entwickelt. So ungefähr denke ich mir die von Hauser vom Selbsanft beschriebenen Beete. Übrigens war bei der Natur der Gesteine eine tangentiale oder vertikale Anordnung des grobblockigen Materials nicht erkennbar. Ich möchte vermuten, daß hier Staubanhäufungen in Vertiefungen des Firnes bei dessen Abschmelzen die ersten Feinerdeanreicherungen bildeten und so die Veranlassung zur Bildung der Beete wurden. Während ich die Sassa Quadra besuchte, ging mein Sohn vom Diavolezzahaus über den Grat zum Gipfel des Munt Pers (3211 m). Von dort stieg er in einer Runse etwa südöstlich vom Gipfel nach Süden zur Seitenmoräne des Persgletschers ab und ging dann ungefähr auf dem Weg wieder zu dem Hause zurück. Auf dem Südhang des Munt Pers fand er in einem nicht schiefrigen, sondern blockigen Gestein sehr große Beete, deren Länge zwischen 1 und 5—7 m schwankte. Sie sind flach geneigt, fallen aber an den Rändern steil etwa 1—$1^1/_2$ m ab. Die Ränder bestehen aus mehr oder minder grobblockigem Material. Seitlich liegt zwischen zwei Beeten gern eine Art Graben. Die Oberfläche der Beete besteht aus kleineren Steinen und Feinerde. Der Umriß ist bald mehr oval, bald mehr polygonal, aber stets in der Hangrichtung verlängert. Ich vermute, daß es sich auch hier um Steingirlanden handelt, die aus Feinerdebeeten durch abwärts gerichtete Bewegung entstanden sind, ähnlich wie am Piz Minschun (s. Fig. 2). Etwas tiefer, bei 2600—2700 m sah mein Sohn dort auch Streifenböden.

Am Schlusse meiner Reise versuchte ich auch noch dieselben Bodenformen in der Baitonegruppe des Adamellogebietes wiederzufinden, aber mit negativem Erfolge. Ich stieg von Rino (649 m) im Malgatale zum Lago Grande del Baitone (2247 m) und von dort über die 2782 m hohe Forcella di Bombià nach den Malghe Bombià und Sonico (651 m) ab. Obwohl die Höhenlage günstig ist und auch die Gesteine teilweise schieferige Beschaffenheit haben, sind doch die Hänge meist so steil, daß von Feinerdebeeten nichts zu sehen war. Aber auch Streifenböden habe ich nicht gesehen. Dabei lag in der Conca di Bombià ein großes Firnfeld, so daß die nötige Bodenfeuchtigkeit mindestens stellenweise vorhanden gewesen wäre.

Zusammenfassung über die Strukturböden.

Aus den älteren und aus meinen eigenen Beobachtungen geht unzweifelhaft hervor, daß die vier Typen der Strukturböden, die MEINARDUS unterschieden hatte, in den Alpen vorkommen und nicht einmal selten sind. Sie treten aber im allgemeinen nicht so dicht gedrängt und nicht in der Schärfe der Ausbildung auf wie in Spitzbergen und Skandinavien und sind daher lange nicht so auffällig wie dort. Die Feinerdebeete sind am besten in der unmittelbaren Nähe der Gletscher entwickelt und zwar auf den alten Moränen der Gletschervorstöße aus den letzten 80 Jahren. Unter solchen Umständen sind sie bis zu einer Tiefe von etwa 2200 m bekannt. Sie finden sich aber auch fern von den heutigen Gletschern auf geeigneten Hochflächen und bei geeignetem Gesteinsmaterial. Nach meinen persönlichen Erfahrungen scheinen sie fern von den Gletschern meist erst in Höhen von etwa 2800 m an aufzutreten. Sie bevorzugen schiefrige und plattige Gesteine. Großblockigen Gesteinen scheinen sie in den Alpen zu fehlen. In kleinblockigen Gesteinen wie z. B. Dolomit treten sie auf, sind aber meist nicht sehr deutlich. Das ist ein erheblicher Unterschied gegenüber Skandinavien und Spitzbergen. So hebt z. B. Bertil Högbom hervor (1914, S. 312), daß er Steinnetzwerke sah, in denen die Blöcke „durchschnittlich wenigstens 50 kg schwer waren, und wo es einzelne Blöcke gab, die mehrere hundert kg wiegen müssen und deutlich in die Sortierung einbezogen waren (Snehettan in Dovre, Norwegen)". Solche Größe erreichen die Bodenkräfte in den Alpen nach meinen Erfahrungen nicht. Schon bei sehr mäßiger Größe der Blöcke beobachtete ich oft nur noch eine recht unvollständige Sortierung. Und sehr oft sah ich Beete, die sich eigentlich nur durch feinere Beschaffenheit des Schuttes von dem gröberen Schutt ihrer Umgebung unterschieden. Zum Teil mögen das ja Beete gewesen sein, die erst in Bildung begriffen waren. Bei sehr vielen anderen hatte ich aber den Eindruck, daß die Bodenkräfte nicht zu einer vollständigen Sortierung ausreichen.

Ganz Ähnliches gilt von den Streifenböden oder Steinstreifen, die ich persönlich sah. Zwar bestehen Kinzls Streifenböden (S. 264) „im allgemeinen aus 2 m breiten Bändern von feinem Moränenschutt, die durch schmale, bei 2 dm breite Säume von größeren Steinen voneinander abgegrenzt waren". Aber die sehr zahlreichen Streifenböden, die ich selbst sah, erreichten niemals diese Dimensionen oder gar die der über ganze Berghänge hinwegziehenden Streifenböden von Lappland und Spitzbergen. Es waren Miniaturgebilde mit einer Streifenbreite von höchstens wenigen dm, die in der Länge 1—2 m selten übertrafen, manchmal aber (Fig. 1) mehr als 10 m erreichten. Wie ich mir die Entstehung meiner Streifenböden denke, habe ich auf S. 14 auseinandergesetzt. Meiner Ansicht nach haben sie nichts mit Solifluktion zu tun, sondern sind an Ort und Stelle durch Ausspülung der einen und durch Aufblähung der anderen Streifen beim Gefrieren entstanden. Auch Kinzl beobachtete Streifenböden nicht nur auf stark geneigten Flächen, wo sie durch Streckung gewöhnlicher Feinerdebeete entstanden sein könnten, sondern auch auf fast ebenem Gelände, wo sie nicht etwa die „Stelle von Steinringen vertreten, sondern mit diesen vergesellschaftet vorkommen". Kinzl beschreibt sie nur „aus schlammreichen und stark mit Wasser vollgesogenen Grundmoränenaufschüttungen" neben oder vor Gletschern. Ich beobachtete sie auch fern von den heutigen Gletschern. Wahrscheinlich erklärt sich der Unterschied der Maße seiner und meiner Vorkommen dadurch, daß er sie an günstigeren Stellen studierte. Was ihre Höhenlage betrifft, so sah ich sie etwa zwischen 2500 bis 2900 m. Sie scheinen mir also unter sonst gleichen Bedingungen tiefer hinunterzugehen als die

Feinerdebeete. KINZL hat sie aber auch in den viel tiefer gelegenen Endmoränen beobachtet, wo er seine Feinerdebeete fand, also wohl bis zu 2200 m Tiefe.

KREBS hat in der Geographischen Zeitschrift 31, 1925, S. 103 als Voraussetzung für die Bildung der Strukturböden angegeben: Ebene, mindestens im Sommer schneefreie Flächen in sehr bedeutender Höhe und leicht verwitternde Gesteine oder Lockerböden. In den Alpen muß man wohl noch hinzufügen: Vegetationsarmut, nasser Boden und plattiges oder schiefriges Gestein. In anderen Gesteinen entstehen zwar ähnliche, aber viel undeutlichere Bildungen. Dagegen glaube ich, daß die Strukturböden auch in sehr viel größeren Tiefen noch entstehen würden, wenn nicht dort die Pflanzendecke die Vorgänge verhinderte oder unkenntlich machte. Immerhin würde man Strukturböden in den Alpen schon aus klimatischen Gründen, auch bei fehlender Pflanzendecke nicht unter 1000 m erwarten, während in Spitzbergen unmittelbar über dem Meere großartig entwickelte Strukturböden ganze Flächen bedecken. Es muß also ein Unterschied da sein. Welcher Art er ist, werde ich ganz zum Schluß besprechen.

Pflasterböden.

Unter diesem Namen möchte ich nur ganz kurz anhangsweise eine Bodenform erwähnen, auf die KINZL mit Recht hinweist. Er beschreibt „Plätze mit ebenem, pflasterartigem Boden, der wie gewalzt aussieht und das Gehen auf ihm im Gegensatz zu den üblichen Moränenwanderungen zu einer Erholung macht" (S. 265). Ich kenne diesen merkwürdigen Boden ebenfalls, und zwar nicht nur aus dem Engadin, sondern auch aus der Adamellogruppe und vielen anderen Gebieten der Alpen. Ich stimme mit KINZL darin überein, daß es sich dabei um Stellen handelt, die einen großen „Teil des Jahres unter Schnee liegen und besonders zur Zeit der Schneeschmelze sehr stark mit Wasser durchtränkt sind". Mit Solifluktion haben diese Pflasterböden jedenfalls nichts zu tun. EM. DE MARTONNE) hat sie schon 1920 beobachtet. Er schreibt: Ce qui est le plus commun c'est un tassement des débris encombrant les cols élevés, sensible au moment de la fonte des neiges; les élements fins disparaissent de la surface qui apparaît formée d'un dallage presque régulier de blocs.

Nachträglich finde ich im Bande I der Zeitschrift für Geomorphologie (Leipzig 1926) in einer Arbeit von STINY dieselben Bodenformen beschrieben (S. 273—274). Die Arbeit heißt: Einiges über Gesteinsklüfte und Geländeformen in der Reißeckgruppe (Kärnten). STINY hebt hervor,

---

[1]) Géographie XXXIV, 1920, S. 257.

daß er „Vieleckböden“ nur äußerst selten und in schlechter Ausbildung beobachtete. Dagegen treffe man „im ganzen Hochgebirge eine Erscheinung auf Schritt und Tritt an, die meines Wissens im deutschen Schrifttum noch nicht erwähnt wurde und die ich Steinplattenboden nennen möchte. Seeufer, breite Bachbette, austrocknende Pfützen und Mündungskegel von Bächen zeigen nämlich fast in aller Regel überall dort, wo sie Wasser nicht dauernd überdeckt und die Pflanzendecke mit ihren Humusschichten fehlt, eine Oberfläche, die gleich einer Steincheneinlegearbeit mit flachgelagerten Felsplatten aller Größen bedeckt ist.“ Nach meiner persönlichen Erinnerung handelt es sich aber nicht nur um Platten, sondern auch um unregelmäßig geformte Blöcke, deren flache Oberfläche sich in gleicher Höhe wie die anderen Blockflächen einstellt. Aus diesem Grunde möchte ich die Bezeichnung Pflasterböden vorziehen, auf die auch der MARTONNEsche Ausdruck „dallage“ deutet.

Solifluktion (Blockgletscher).

Daß in den Alpen Bodenbewegungen vorkommen, ist allgemein bekannt. Sind sie doch ein klassisches Gebiet für Bergstürze und Muhren. Es ist auch kein Grund einzusehen, warum in ihnen nicht ebensogut und besser als in unseren Mittelgebirgen die von GÖTZINGER zuerst beschriebenen Kriechbewegungen des Bodens auftreten sollten. Fraglich ist es dagegen meiner Ansicht nach immer noch, ob die echten periglazialen Solifluktionserscheinungen in ihnen heute noch auftreten oder nur in diluvialer Zeit vorhanden waren. Da ich selbst schon 1916 (Geol. Rundschau XII S. 30—41) auf die „Bedeutung der Solifluktion für die Erklärung deutscher Landschafts- und Bodenformen“ eingehend hingewiesen habe, prüfte ich bei den Begehungen des Sommers 1928 immer wieder diese Frage.

KREBS hat a. a. O. S. 101—103 sehr eingehend Bodenbewegungen in den Alpen aus der Literatur und eigenen Beobachtungen aufgezählt, geht aber nicht auf die Frage ein, ob es sich um Bewegungen über einer Tjäle oder um normale Bewegungen des durchfeuchteten Bodens handelt. Es ist aber auch sehr schwer, diese Frage zu entscheiden, da ja hier im Gegensatz zu den Formen des ruhenden Bodens kein grundsätzlicher Unterschied der entstehenden Formen bekannt ist und auch quantitativ Übergänge vorkommen.

Auch sonst ist die alpine Literatur sehr reich an guten Darstellungen rezenter Bodenbewegungen (ALBERT HEIM, SÖLCH, STINY, B. VON RINALDINI und viele andere) . Indessen ist mir nicht erinnerlich, daß die Frage behandelt worden sei, ob die Bewegungen als echte Solifluktion in meiner Definition oder als gewöhnliches Kriechen aufzufassen seien. Das liegt aber wohl auch daran, daß man über das Auftreten der Tjäle in den Alpen noch fast gar nichts weiß. KINZL nimmt ebenfalls ein heutiges „Erdfließen“ an, ohne auf diese Unterscheidung einzugehen (S. 265).

Er sagt wörtlich: „Viel zahlreicher als die im vorstehenden beschriebenen Steinringe und Steinnetze sind, zumal auf den Moränen der gegenwärtigen oder jüngst vergangenen Gletscherstände, jene Formen, die auf das Erdfließen zurückgehen. Es handelt sich dabei vorwiegend um kleine zungenartige Schlammströme, die nach unten zu von kleinen Steinwällen umsäumt werden, während sie gegen oben zu offen sind.“ Ferner beschreibt er das Abwärtswandern von größeren Blöcken, die sich auf geneigtem Gelände immer schneller abwärts bewegen sollen als ihre Umgebung und die daher den Boden vor sich herschieben und einen kleinen Steinwall erzeugen. Aber auch „anscheinend festgefügte aus groben Blöcken bestehende Trümmerhalden sollen noch immer abwärts wandern“, wofür als Beispiel eine Wegverschiebung im Kleinen Fleißtal in der Goldberggruppe angeführt wird. „Ähnliche Feststellungen sind besonders auch an den alten Paßwegen allenthalben zu machen.“

Die bestimmtesten Aussagen über die Bewegung von großen Blockmassen stammen von ANDRÉ CHAIX. Leider ist es mir bisher nicht gelungen, seine ausführliche Abhandlung im Globe 62 1923 Mémoires S. 1—38 zu bekommen.

Ich habe nur die kurze Abhandlung „Coulées de blocs (Rockglaciers, Rockstreams) dans le parc national suisse de la Basse-Engadine“ in den Comptes rendus des séances de la société de physique et d'histoire naturelle de Genêve zur Verfügung (Bd. 36, 1919, S. 12—15). Ferner habe ich den über die ausführliche Arbeit erstatteten Bericht von MERCANTON im Jahrbuch des Schweizer Alpenclubs Bd. 53, 1923, S. 254 bis 256. A. CHAIX vergleicht seine „Coulées de blocs“ mit den Rockglaciers der amerikanischen Geologen und mit den Stone rivers von I. G. ANDERSSON, die man im Deutschen gewöhnlich mit dem Wort „Blockströme“ übersetzt. Ich halte mit B. HÖGBOM (1914, S. 356) die Gleichsetzung der Blockgletscher mit den Blockströmen nicht für richtig, da die Blockgletscher etwas grundsätzlich Verschiedenes von den Blockströmen sein dürften, der Form wie der Entstehung nach. Der französische Ausdruck „Coulée de blocs“ entspricht aber sprachlich den „Blockströmen“, sachlich in der Auffassung von CHAIX den Blockgletschern. Damit will ich natürlich nicht den Wert der ausgezeichneten Untersuchungen der beiden Herren CHAIX verringern. Sie haben im Schweizer Nationalpark 4 Blockgletscher untersucht, den auch von mir im letzten Sommer begangenen der Val Sassa und die drei der Val dell' Acqua, der Valletta und der Val Tantermozza, der bei MERCANTON in einer ausgezeichneten Abbildung wiedergegeben ist. Sie haben durch genaue Messungen gezeigt, daß diese Blockgletscher wirklich noch heute eine Bewegung besitzen und zwar der Blockgletscher der Val Sassa in der Mitte im Durchschnitt 1,35 m im Jahre (seit 1918), an den Flanken immer noch 0,7 m im Jahre. Von den amerikanischen Blockgletschern sind solche Bewegungen zum mindesten nicht bekannt, wenn sie überhaupt noch in Bewegung sind. Es ist von großem Interesse, daß MERCANTON seinem Bericht über die Untersuchungen der Herren CHAIX eine eigene Messungsreihe folgen läßt, die er an dem „pierrier" von Saleinaz (Val Ferret) ausgeführt hat. Diese Schutthalde hat im Mittel in drei Jahren eine horizontale Bewegung von insgesamt 7 cm mit einem Maximum von 14 cm erkennen lassen (ebendort, S. 256—258).

Sehen wir nun, wie sich Blockgletscher und Blockströme unterscheiden. Die ersteren sind ausführlich von den amerikanischen Geologen beschrieben. Besonders bekannt und durch ausgezeichnete Abbildungen erläutert ist die Monographie von E. HOWE, Landslides in the San Juan Mountains (Professional Paper 67 d. U.S. Geol. Survey 1909). Nach einer Schilderung, die mit der anderer Autoren im wesentlichen übereinstimmt, sind die Blockgletscher dicke, zungen- oder lappenförmige einheitliche Massen, die im Aussehen am meisten an völlig von Schutt eingehüllte Gletscher erinnern. Das ist auch die Ursache für ihre Bezeichnung. HOWE hatte sie früher auf dem Blatte Silverton (Nr. 120) beschrieben und dort hervorgehoben, daß sie sich von gewöhnlichen Schuttablagerungen unterscheiden. Er hielt sie damals für Gletscherablagerungen. In der späteren Arbeit zeigt er aber, daß sie mindestens nicht alle von Gletschern abgelagert sein können und hält sie für Bergstürze der Hochregion des Gebirges. Er vergleicht sie direkt mit dem durch ALBERT HEIMS klassische Schilderung bekanntgewordenen Bergsturz von Elm. Er unterscheidet sie bereits von den ANDERSSONschen Stone Rivers, die länger, dünner und schmäler sind. Auf einer Karte dargestellt erinnern die Formen der Blockgletscher an wirkliche, dick mit Moränen bedeckte Gletscher, die Stone Rivers an hydrographische Netze.

Die Blockgletscher sind auch von vielen anderen Autoren beschrieben worden. Ich greife nur die folgenden heraus. HOBBS (Characteristics of existing glaciers. New York 1911, S. 94—96) widmet ihnen eine kurze Schilderung, faßt sie aber mit den Stone Rivers zusammen. Von den Rockglaciers von Alaska sagt er, daß sie „Mixtures of ice and rock" seien. CAPPS, den ich nur nach HÖGBOM zitiere, hat im Journal of Geology (18, 1910, S. 359—375) ebenfalls die Alaska-Rockglaciers geschildert und hält sie für fossile, sehr blockreiche Gletscher. Beim Nachgraben fand er noch Eis zwischen den Blöcken. HÖGBOM (1914, S. 357) hebt hervor, daß in Spitzbergen noch lebende Gletscher so von Blockmassen begraben sind, daß man von dem Eise nichts sieht.

Kehren wir nun zu den Alpen zurück, so möchte ich zuerst die Schilderungen von ALLIX hervorheben.

ALLIX beschreibt oder erwähnt in dem schon zitierten Aufsatz auf S. 435—436 mehrere „Rockglaciers“ = „Glaciers Rocheux“ aus den französischen Alpen. Nach seiner Beschreibung handelt es sich aber hier wirklich um Gletscher von Eis, die nur eine äußerst starke Blockdecke tragen. Selbst am Ende des Glacier rocheux du Lac noir tritt das schwarze Eis noch unter den letzten Felstrümmern heraus, wenn es auch unentschieden ist, ob dies Eis zum lebenden Gletscher gehört oder totes Eis ist.

EM. DE MARTONNE hat im Bd. 34 der Géographie von 1920 eine wertvolle Abhandlung über „Le rôle morphologique de la neige en montagne“ veröffentlicht (S. 255—267). Er hebt hervor, daß bei der Schneeschmelze gleitende Bodenbewegungen eintreten, die er sowohl mit der arktischen Solifluktion wie mit Götzingers Kriechen vergleicht. Aber obwohl ich zugebe, daß bei der Schneeschmelze der tiefere Untergrund noch gefroren sein kann und dadurch ähnliche Verhältnisse wie oberhalb der arktischen Tjäle entstehen können, scheint mir doch die Analogie zu dem Bodenkriechen in den nicht periglazialen Gebieten bedeutend größer zu sein. Beispiele, wie er sie aus den Alpen schildert, kommen auch in den deutschen Mittelgebirgen heute noch in großer Zahl vor. Ebenso scheinen mi · seine „glaciers de pierres“ ihrer Entstehungsart nach nicht den periglazialen Blockströmen zu entsprechen, sondern alten Firn- oder Gletscheroberflächenmoränen. Für die periglazialen Blockströme scheint mir eben das wesentliche Moment das Gleiten über der Tjäle zu sein, nicht das Gleiten auf Schnee oder Eis der Oberfläche. Es ist das natürlich in letzter Linie Definitionssache. Einer der „glaciers de pierres“, den MARTONNE auch abbildet, liegt in den Hohen Tauern im „Dössental“

Auch in seinem Traité de Géographie physique (Bd. II, 1926, Paris. S. 858—865) geht MARTONNE auf Solifluktion und Strukturböden ein, Im Innern der Rockglaciers = Coulées de pierres sollen sich Eislinsen. befinden. Diese und die Durchfeuchtung bei der Schneeschmelze sollen die Bewegungen der Blockgletscher erzeugen. Er stützt sich bei seinen Darlegungen hauptsächlich auf CHAIX , CAPPS und HOWE.

A. CHAIX selbst gibt eine vortreffliche Beschreibung seiner Coulées de blocs. Er erklärt ihre Bildung vorläufig durch die folgende Hypothese. „Au dernier stade de l'époque glaciaire, ou peut-être même en 1830, un glacier local aurait occupé l'espace délimité par les deux moraines latérales et aurait eu sa moraine frontale à une centaine de mètres en amont du front actuel de la coulée. En disparaissant, ce glacier aurait laissé son lit couvert d'une épaisse couche de moraine superficielle. Dès lors toute cette masse se serait mise à ramper lentement vers l'aval et serait ainsi sortie du cadre des moraines.“ . .„Le mouvement de l'ensemble serait dû en premier lieu à la viscosité de toute la boue que contient la coulée, et peut-être aussi à l'action des pluies, qui emmèneraient les matériaux fins en profondeur, combinés avec des alternatives de gel et de dégel.“

Ich habe diese Erklärungen so ausführlich wiedergegeben, weil ich ihnen erstens selbst auf Grund der Begehung des Blockgletschers der Val Sassa zustimme und zweitens, weil ich sie für die Frage, ob in den Alpen echte Solifluktionserscheinungen vorkommen oder nicht, für sehr wichtig halte. Was Chaix schildert, sind normale, wenn auch quantitativ sehr starke Kriechbewegungen. Högbom hat versucht, das Ausmaß der Solifluktion festzustellen (1914, S. 369). Er sagt, daß eine jährliche Verschiebung von einigen Zentimetern oder Dezimetern als „ziemlich mäßig“ betrachtet werden kann, eine Verschiebung von einem oder einigen Metern „verhältnismäßig groß“ sei. Die Bewegung des Blockgletschers der Val Sassa würde danach schon als groß zu bezeichnen sein. Aber wenn man auch im Allgemeinen die Bewegungen der Solifluktion als die größeren im Verhältnis zum Kriechen ansehen darf, wird man doch eine Grenze zwischen beiden nicht daraufhin ziehen können. Der grundlegende Unterschied liegt nur darin, daß die einen sich über einer Tjäle vollziehen, die anderen ohne den ewig gefrorenen Untergrund. Dabei begünstigt die Tjäle offenbar das Bodenfließen. Aber auch das gewöhnliche Kriechen kann unter Umständen sehr stark und rasch werden, wie denn die Muhren nichts weiter sind als katastrophales Kriechen.

In diesem Zusammenhange erinnere ich daran, daß ich in einer kurzen Abhandlung gezeigt habe, daß selbst an steilen Hängen in Kalabrien und Spanien blockbildende Gesteine keine Blockströme oder wie ich damals noch schlechter sagte, Felsenmeere, sondern nur Blockstreuungen bilden. (Felsenmeere und Blockstreuungen, Sitz.-Ber. Heidelb. Akademie. Mathematisch-Naturwiss. Kl. 1926, Abh. 12.) Es sind dieselben Gesteine, die unter periglazialen Verhältnissen unzweifelhaft Blockströme bilden würden. In dem etesischen Klima bleiben die Blöcke an Ort und Stelle liegen oder machen nur so geringe Ortsveränderungen durch, daß es nicht zur Strombildung kommt.

Über die Blockgletscher sagt Krebs a. a. O. S. 103, daß ihre Bezeichnung „von ihrem Aussehen herrührt, aber oft auch genetisch zu fassen ist, da die Rückzugsmoränen eines Eisstromes diese Form annehmen, wenn der Gletscher viel Ober- und Innenmoränen hatte, mit denen nach dem Abschmelzen der Boden bedeckt wird. Auch diese Blockströme sind noch in Bewegung, wenn sie einem steilen Hang aufliegen.“ Auch das stimmt ja im wesentlichen mit der Auffassung von A. CHAIX überein. Ich selbst sah außer dem Blockgletscher der Val Sassa ein weiteres recht interessantes Beispiel in der bequemer zugänglichen Val Murail hinter Muottas Murail bei Pontresina. Man vergleiche das beigegebene Bild Nr. 5. Vor dem kleinen Murailgletscher, der im Hintergrund des Tales vom Piz Murail und Piz Clüx herunterkommt, liegen die auf S. 16 erwähnten rötlichen Endmoränen mit den Feinerdebeeten. Talabwärts erstreckt sich hier aber ein deutlicher Blockgletscher mit mehreren konzentrischen Wülsten in seinem unteren Teil und steilem Abfall an seinem Ende Es folgt ein kleiner Bach und noch einmal ein isoliertes Stück des Blockgletschers Daß dieser jetzt in Ruhe ist, geht aus der räumlichen Trennung des letzten Stückes durch den Bach hervor. Würde er sich noch bewegen, so müßte die trennende Einsenkung immer wieder zugeschüttet werden. Nach der ganzen Form und Anordnung kann hier ebensowenig wie in der Val Sassa daran gezweifelt werden, daß das Ganze aus den Moränen des früher größeren Gletschers entstanden ist.

Aber die Formen des Blockgletschers oberhalb des Baches, sein steiler Abfall an der Stirn, die konzentrischen Runzeln und Terrassen, das Fehlen einer ausgesprochenen Einsenkung in der Mitte machen es ungemein wahrscheinlich, daß dieser Teil der alten Moränen auch nach dem Rückzug des Eises weiter gewandert ist und sich von der hinten zurückbleibenden unbeweglichen Moränenmasse abgelöst hat.

Im übrigen sind die „Blockgletscher“ wohl durch alle Übergänge mit blockreichen Eisgletschern verbunden. Schmilzt ein solcher ab, so bleibt eine Moränenanhäufung zurück, die nur bei stärkerer Eigenbewegung eine Form annehmen wird, die einen besonderen Namen rechtfertigt. Es wird daher oft schwer oder unmöglich sein, Blockgletscher von alten Moränen zu unterscheiden.

Die KREBSsche Beschreibung paßt übrigens ausgezeichnet auf den Blockgletscher der Val Murail. Wenn ich nicht durch CHAIX die anderen Beispiele kennengelernt hätte, würde ich hier kaum auf die Idee gekommen sein, eine neue Bezeichnung einzuführen, sondern würde die Schuttaufhäufung als einen Komplex von alten End- und Seitenmoränen aufgefaßt haben.

Zusammenfassung über Solifluktion.

Fassen wir alles, was wir über Blockgletscher festgestellt haben, zusammen, so geht wohl daraus hervor, daß es sich bei ihnen nicht um ein Bewegungsmaß handelt, das nicht auch im gemäßigten Klima vorkäme.

Wie oft geraten Steinbruchhalden oder Bergwerkshalden ins Gleiten und können dann sogar Geschwindigkeiten erreichen, die die der Blockgletscher bei weitem übertreffen. Auch die von KINZL und KREBS beobachteten oder aus der Literatur zitierten Bewegungen in den Alpen gehen nicht über das Maß dessen heraus, was wir heute auch fern von jeder Vergletscherung in unseren Mittelgebirgen beobachten. Von den Formen, die ich auf S. 6 herausgriff, um an ihnen zu prüfen, ob analoge Erscheinungen in den Alpen vorkommen, haben wir wiedergefunden: Die Streifenböden, Steingirlanden und die gleitenden Blöcke. Es kommen auch Gebilde vor, die den Fließerdewülsten ähnlich sind. Ich erinnere an die konzentrischen Runzeln auf den Blockgletschern. Nicht dagegen scheint der Typus der Blockströme ANDERSSONS vorhanden zu sein. Die Streifenböden, die ich beobachtete, waren aber Miniaturgebilde im Verhältnis zu den periglazialen Vorkommen; und auch die KINZLschen Streifenböden scheinen nicht annähernd die Ausmaße der letzteren zu erreichen. Nie sah ich in ihnen die charakteristische Längsstrekkung der Pflanzenwurzeln, die ein deutliches Zeichen des Abwärtswanderns der Streifen ist. Auch von anderer Seite scheint diese Erscheinung noch nicht beschrieben zu sein. Sie mag vorkommen. Sehr auffällig ist sie jedenfalls in den Alpen nicht entwickelt. Die anderen Erscheinungen sind zwar da. Aber sie unterscheiden sich in ihrem Ausmaße nicht von den Bewegungen in den Gebieten gemäßigten Klimas. Nur gibt es in den Alpen Stellen, bei denen durch starke Durchtränkung des Bodens Bewegungen leicht eintreten, ich meine die unmittelbaren Umgebungen der Gletscher und der Firnfelder. Aber analoge Stellen gibt es auch in den Mittelgebirgen. Ich komme daher zu dem Ergebnis, daß den Alpen anscheinend zwei der typischen arktischen Bodenformen fehlen, die echten Zellenböden HÖGBOMS und die echten Blockströme ANDERSSONS, beide in der von mir angewendeten Definition. Unzweifelhaft vorhanden sind die vier Typen der MEINARDUSschen Strukturböden, die drei von mir als Feinerdebeete zusammengefaßten Formen und Streifenböden, diese letzteren aber, soweit ich sie selbst beobachtet habe, ohne Solifluktion. Unzweifelhaft sind Steingirlanden, gleitende Blöcke und bewegliche Blockhalden vorhanden, letztere zum Teil in der Form der zuerst aus Amerika beschriebenen „Rockglaciers“ = Blockgletscher, eine Bodenform, die leider von den meisten Autoren nicht von den Blockströmen getrennt wird. Auch Fließerdewulst-ähnliche Formen scheinen aufzutreten. Damit komme ich also jetzt zur Beantwortung der drei auf S. 5 gestellten Fragen. 1. Sind die für die Polargebiete charakteristischen Bodenformen in den Alpen sämtlich vorhanden? Ich glaube, wenigstens bei meinem heutigen Kenntnisstande antworten zu müssen: Nein. Ich füge hinzu, daß die vorhandenen Formen weniger zahlreich und schwächer entwickelt zu sein scheinen.

2. Scheidet aus, weil 1. mit Nein beantwortet wurde.

3. Wenn sie nicht alle oder in geringerem Maße vertreten sind, worauf ist der Unterschied zurückzuführen?

Die unvollständige und quantitativ geringfügigere Vertretung der polaren Bodenformen beruht meiner persönlichen Ansicht nach darauf, daß in den Alpen eine echte perennierende Tjäle in den in Betracht kommenden Höhen nur ganz ausnahmsweise vorhanden zu sein scheint. Es mag sein, daß sie in den höchsten Erhebungen normal vorhanden ist. Die mittlere Jahrestemperatur gestattet diese Annahme. Aber dort sind die Hangneigungen und Bodenverhältnisse meist sehr ungünstig, so daß die Bodenformen bis jetzt aus Höhen über 3500 m nicht beschrieben sein dürften. Flache Plätze sind dort selten und wenn vorhanden, wohl fast immer unter Firn oder Gletscher begraben. Die Tjäle hat eine zweifache, die Bildung der arktischen Bodenformen und Bewegungen begünstigende Wirkung. Sie hält erstens die Oberhaut des Bodens auf einer Temperatur dicht am Gefrierpunkt und erleichtert daher das Eintreten des Frostes in ihr. Zweitens aber wirkt sie als undurchlässige Unterlage, so daß alles Schmelzwasser der Oberfläche die Oberhaut des Bodens durchtränkt und beweglich macht. Je stärker aber die Durchtränkung ist, um so größer wird auch die Aufblähung der Oberhaut beim Gefrieren, so daß die Tjäle sowohl die Solifluktion wie die Bildung von Bodenfiguren außerordentlich begünstigen muß. Im übrigen verweise ich in dieser Hinsicht auf die schönen Ausführungen von BERTIL HÖGBOM in seinen zitierten Arbeiten. Wo eine Tjäle fehlt, kann aber auch der nur im Winter gefrorene Untergrund eine Zeitlang ihre Stelle vertreten; oder es kann ein größerer Stein bzw. eine Felsunterlage an ihre Stelle treten. So erklären sich meiner Ansicht nach die Beobachtungen von KINZL, die ich auf S. 8 hervorgehoben habe. Denn auch die Steinunterlage konzentriert die Feuchtigkeit des Bodens auf die Oberhaut. Auch sie dient als Widerlager bei ihrer Aufblähung.

Fossile arktische Bodenformen.

Blockströme der Diluvialzeit sind in Mitteleuropa gar nicht selten, wie I. G. ANDERSSON, PASSARGE, LOZINSKI, B. HÖGBOM, ERDMANNSDÖRFFER, KESSLER, der Verf. und wohl noch eine ganze Anzahl anderer Forscher gezeigt haben. Aber auch fossile Feinerdebeete sind nachgewiesen, zuerst wohl durch GRIPP (Beiträge zur Geologie von Spitzbergen. Abh. Naturw. Verein Hamburg, 1927. Bd. 21, Heft 3, S. 26). Sie werden sich überall da erhalten haben, wo sie nach ihrer Bildung durch Überlagerung der Zerstörung entzogen worden sind, z. B. durch Zuwehung mit Löß. Ja, man wird vielleicht sogar darauf achten müssen, Feinerdebeete mit tangentialen Steinsetzungen nicht etwa mit Herdstellen des prähistorischen Menschen zu verwechseln, da ihre Ähnlichkeit mit künstlichen Gebilden überraschend groß ist.

Fließerden des Diluviums sind in Deutschland weit verbreitet. Es ist eine ganz häufige Erscheinung, daß tonreiche Gehängeschuttmassen so weit talabwärts gewandert sind, wie wir es nicht den heutigen Kräften zuschreiben können. Ich könnte selbst Beispiele dafür anführen. Unter diesen Umständen gewinnt das Studium der arktischen Bodenformen der heutigen periglazialen Gebiete und ihr Vergleich mit den schwächer entwickelten rezenten Gebilden der Alpen eine größere Bedeutung, weil man sich der fossilen Vorkommen als Klimaindikatoren bedienen kann.

Zusammenfassung der ganzen Arbeit.

Die arktischen Bodenformen lassen sich in zwei Gruppen zerlegen, 1. in die Formen des ruhenden, nur in sich selbst, aber nicht talabwärts bewegten Bodens, 2. in die mit der Solifluktion verbundenen Formen. Zu 1 gehören die 4 von Meinardus als Strukturböden zusammengefaßten Formen, deren drei erste ich als Feinerdebeete den Streifenböden gegenüberstelle, und die Högbomschen Zellenböden. Von 2 haben für die Alpen eine besondere positive oder negative Bedeutung die talabwärts bewegten Streifenböden, die nicht mit den Streifenböden der Gruppe 1 zu verwechseln sind, die Steingirlanden, die Fließerdewülste, die gleitenden Blöcke, die Blockgletscher und Blockströme.

Von diesen Formen scheinen mir in den Alpen die typischen Zellenböden und die typischen Blockströme zu fehlen, beide aber in der von mir gewählten Definition, während viele Autoren die Zellenböden nicht von den Feinerdebeeten und die Blockströme nicht von den Blockgletschern unterscheiden. Von den in den Alpen entwickelten Formen erreichen die Feinerdebeete weder die Häufigkeit noch die Schärfe der Entwickelung der entsprechenden Formen Spitzbergens. Wohl kommen auch in den Alpen vereinzelt scharfe Formen vor, und in günstigen Gebieten können sich die Beete häufen. Aber nur sehr selten sind sie in den Alpen so auffällig, daß sie sich der Beobachtung geradezu aufdrängen. Eigentlich kann als Beispiel dafür nur die allerälteste Beobachtung, nämlich die von Hauser am Selbsanft angeführt werden. So ist es denn kein Zufall, daß Hausers Beobachtung unbeachtet blieb und daß die Feinerdebeete erst dann wieder entdeckt wurden, als sie aus den polaren Gebieten beschrieben waren. Es ist sehr bezeichnend, daß trotz der großen Anzahl ausgezeichneter Geologen und Geographen, die die Alpen durchwanderten, der Anstoß zu der Feststellung der Feinerdebeete aus dem hohen Norden kommen mußte. TARNUZZER hat das Verdienst dann als erster die Aufmerksamkeit der wissenschaftlichen Welt darauf in den Alpen gelenkt zu haben. Daß seine Beobachtungen einwandfrei sind, das haben meine Begehungen und die meines Sohnes an den von ihm beschriebenen Punkten am Vadret Lischanna und an der Fuorcla Spadla bewiesen. Die Streifenböden, die ich sah, haben nichts mit Solifluktion zu tun. Ich kann aber nicht ausschließen, daß andere alpine Vorkommen zu den echten talabwärts bewegten Streifenböden gehören, vielleicht z. B. schon die von KINZL beschriebenen. Steingirlanden sind da, ebenso abwärts wandernde Einzelblöcke und Blockmassen. Blockgletscher sind von mehreren Stellen beschrieben und ähneln den amerikanischen Vorkommen sehr stark. Auch Fließerdewülste scheinen vorhanden zu sein. An dem Auftreten von Bodenbewegungen kann also gar nicht gezweifelt werden. Aber es will mir scheinen, als ob alle diese Erscheinungen mit einziger, aber leicht verständlicher Ausnahme der Blockgletscher in den Alpen nicht stärker entwickelt sind als in unseren Mittelgebirgen. Und selbst die Blockgletscher haben in diesen ihr Analogon in kriechenden Steinbruch- und Bergwerkshalden.

Es muß daher in den periglazialen Gebieten ein Faktor vorhanden sein, der die Bodenbewegungen verstärkt; und diesen sehe ich in der in den Alpen innerhalb der in Betracht kommenden Regionen nur ganz ausnahmsweise nachgewiesenen Tjäle.

Nachtrag.

Erst nach Abschluß des vorstehenden Manuskriptes gelang es mir, die ausführlichere CHAIXsche Abhandlung von der Königsberger Universitätsbibliothek zu erhalten. Es ist eine vortreffliche, klare und sehr objektiv gehaltene Untersuchung mit lehrreichen Abbildungen und Karten der Blockgletscher des Schweizer Nationalparkes. Aber sie enthält nichts grundsätzlich Neues im Verhältnis zu der im vorhergehenden Text benützten kürzeren Abhandlung. Aus der ausführlichen Abhandlung geht hervor, daß auch CHAIX seine Blockgletscher von den ANDERSSONschen Stone-Rivers der Falklandsinseln und von den Steinströmen des Ural unterscheidet. Ich war unabhängig von CHAIX zu demselben Ergebnis gelangt (S. 22/3). Bemerkenswert ist auch die Annahme, daß die Beweglichkeit der Blockgletscher in erster Linie auf dem feinen Material (boue) der alten Grundmoräne des Muttergletschers beruhe. „En disparaissant, ce glacier a dû laisser sur son lit une forte couche de cailloutis mêlée de boue schisteuse et peut-être aussi, selon M. MERCANTON, un culot de glace séparé du glacier en amont. Dès lors cette masse de matériaux aurait commencé à ramper vers l'aval par le fait même de sa grande abondance, et sa partie terminale serait ainsi sortie du cadre des moraines. L'ancien glacier n'aurait pas eu d'autre rôle que celui de préparer un matérial capable de ramper.“ Diese Erklärung ist sehr einleuchtend. Nur bedarf es meiner Ansicht nach nicht einmal eines solchen toten Eisrestes im Innern der alten Moräne, um die Bewegung zu erklären. Das feine Gesteinsmehl einer Grundmoräne wird bei genügender Menge, Durchfeuchtung und Neigung des Untergrundes ausreichen, um eine kriechende Bewegung zu erzeugen und zu unterhalten.

Nachträglich lerne ich eine Arbeit von WALDBAUR kennen, in der die hier auf S. 20 beschriebenen Pflasterböden schon im Jahre 1921 gut geschildert sind (Schuttglättung und Steinströme im Oberengadin. Petermanns Mitteilungen Bd. 67 S. 195). Der Verfasser gibt auch an, „echte Steinströme“ zwischen Lunghino- und Septimerpaß gesehen zu haben. Die Schilderung ist aber zu kurz, als daß ich mir ein Urteil über die Natur dieser Gebilde erlauben würde.

Figur 1.

Streifenboden. Val Muntschain, Schweizer Nationalpark, Engadin.

Figur 2.

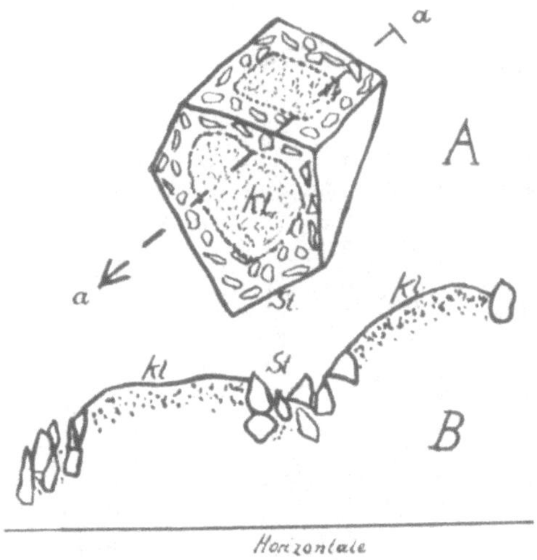

Rücken des Piz Minschun bei Schuls, Unterengadin, Feinerdebeete (schematisiert). A im Grundriß. B im Profil in der Richtung a—a. — St. grobe Steine und Platten. Kl. Steinchen und Feinerde. Wohl durch Bodenfließen verzerrt und den Steingirlanden ähnlich.

Tafel II.

Figur 3.

Feinerdebeet, Val. Murail. Aus größerer Entfernung. Länge des Eispickels 1,24 m. Oberengadin.

Figur 4.

Feinerdebeet, Val Murail. Aus der Nähe. Länge des Eispickels 1,09 m. Oberengadin.

Figur 5.

Blockgletscher der Val Murail. Links im Hintergrund Vadret Murail. Oberengadin.

Figur 6.

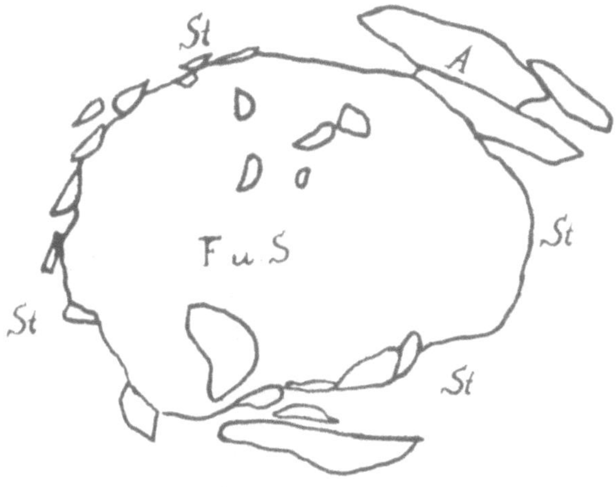

Feinerdebeet zwischen der Diavolezzahütte und der Sassa Quadra, Oberengadin (schematisiert). Kürzerer Durchmesser des Beetes etwa 40 cm. F u. S = Feinerde und kleine Steinchen. St = gröbere Steine. A = Anstehendes.

FSC
www.fsc.org
MIX
Papier | Fördert
gute Waldnutzung
FSC® C083411

Zeitfracht Medien GmbH
Ferdinand-Jühlke-Straße 7
99095 Erfurt, Deutschland
produktsicherheit@kolibri360.de